苗谱 **苗 谱 丛 书**

丛书主编：刘　勇

青 檀

Pteroceltis tatarinowii Maxim

鲁仪增　张　林　解孝满　孙忠奎　编著

中国林业出版社

图书在版编目（CIP）数据

青檀 / 鲁仪增等编著. -- 北京 : 中国林业出版社，
2024.4

（苗谱系列丛书）

ISBN 978-7-5219-2701-6

Ⅰ.①青… Ⅱ.①鲁… Ⅲ.①青檀—育苗 Ⅳ.
①S687.94

中国国家版本馆CIP数据核字(2024)第092690号

策划编辑：刘家玲

责任编辑：宋博洋

装帧设计：北京八度出版服务机构
————————————

出版发行 中国林业出版社

　　（100009，北京市西城区刘海胡同 7 号，电话 83143625）

电子邮箱：cfphzbs@163.com

网址：www.cfph.net

印刷 河北京平诚乾印刷有限公司

版次：2024 年 4 月第 1 版

印次：2024 年 4 月第 1 次

开本：889mm×1194mm　1/32

印张：2.5

字数：75 千字

定价：25.00 元

苗 谱

《青檀》分册编写委员会

主　编： 鲁仪增　张　林　解孝满　孙忠奎

副主编： 李承秀　仝伯强　李文清　仲凤维　程甜甜　黄　剑
　　　　　周光锋　杜　辉

委　员（以姓氏笔画为序）：

于永畅　于海波　王　艳　王　峰　王　毅　王郑昊

朱　磊　朱翠翠　乔　谦　任红剑　刘　宝　刘　站

闫　峰　孙　芳　孙　涛　李　洋　李庆伟　杨　波

杨海平　张　尧　张　波　张广华　张安琪　张春香

陈克伟　房　鑫　孟海凤　赵　涛　赵　琦　赵　澍

赵青松　胡　杰　徐广明　高　红　郭　伟　韩　义

谢　宪　谢学阳　薛静芳　燕　语　穆艳娟

编写说明

    种苗是国土绿化的重要基础，是改善生态环境的根本保障。近年来，我国种苗产业快速发展，规模和效益不断提升，为林草业现代化建设提供了有力的支撑，同时有效地促进了农村产业结构调整和农民就业增收。为提高育苗从业人员的技术水平，促进我国种苗产业高质量发展，我们编写了《苗谱丛书》，拟以我国造林绿化植物为主体，一种一册，反映先进实用的育苗技术。

    丛书的主要内容包括育苗技术、示范苗圃和育苗专家三个部分。育苗技术涉及入选植物的种子（穗条）采集和处理、育苗方法、水肥管理、整形修剪等主要技术措施。示范苗圃为长期从事该植物苗木培育、育苗技术水平高、苗木质量好、能起到示范带头作用的苗圃。育苗专家为在苗木培育技术方面有深厚积淀、对该植物非常了解、在该领域有一定知名度的科研、教学或生产技术人员。

    丛书创造性地将育苗技术、示范苗圃和育苗专家结合在一起。其目的是形成"植物+苗圃+专家"的品牌效应，让读者在学习育苗技术的同时，知道可以在哪里看到具体示范，有问题可以向谁咨询打听，从而更好地带动广大苗农育苗技术水平的提升。

    丛书编写采取开放形式，作者可通过自荐或推荐两个途径确定，有意向的可向丛书编委会提出申请或推荐（申请邮箱：

miaopu2021start@163.com），内容包含植物名称、育苗技术简介、苗圃简介和专家简介。《苗谱丛书》编委会将组织相关专家进行审核，经审核通过后申请者按计划完成书稿。编委会将再次组织专家对书稿的学术水平进行审核，并提出修改意见，书稿达到要求后方能出版发行。

丛书的出版得到国家林业和草原局、中国林业出版社、北京林业大学林学院等单位和珍贵落叶树种产业国家创新联盟的大力支持。审稿专家严谨认真，出版社编辑一丝不苟，编委会成员齐心协力，还有许多研究生也参与了不少事务性工作，从而保证了丛书的顺利出版，编委会在此一并表示衷心感谢！

受我们的学识和水平所限，本丛书肯定存在许多不足之处，恳请读者批评指正。非常感谢！

《苗谱丛书》编委会

2020年12月

青檀（*Pteroceltis tatarinowii* Maxim），为榆科青檀属落叶乔木，是我国特有的单种属树种，也是重要的多功能树种。其分布范围广、栽培历史悠久，根系发达，具有抗干旱、耐盐碱、耐瘠薄、较耐寒等特性，是石灰岩山地造林的先锋树种和重要的水土保持树种；其叶果美丽、树形美观，自然成景，盆栽亦可，具有极大的观赏价值；青檀树皮是制造宣纸的优质原料，同时，青檀木材优良，也是重要的用材树种。由于青檀栽培方法简单、易掌握，在部分山区、乡村振兴中有着十分广阔的发展前景。

基于此，近年来，青檀的繁育栽培得到快速发展。目前，有关青檀繁育、栽培、造景等方面的报道相对较多，但相关技术知识零散，亟须梳理并集成青檀繁育栽培及其管理技术，以助推青檀产业健康可持续发展。

本书是在国家林木种质资源库建设项目"泰安市乡土观赏树种国家林木种质资源库"、山东省科技创新项目"青檀、野茉莉和七叶树等观赏树种种质资源收集评价及利用技术研究"（LYCX01-2018-06）、山东省农业良种工程项目课题"珍贵用材树种种质资源收集保存与精准鉴定"（2019LZGC01804）、山东省重点研发计划（重大科技创新工程）项目课题"珍贵用材树种种质资源挖掘与精准鉴定"（2021LZGC02304）等项目课题支持下，笔者根据近20年来在青檀种质资源收集、保存、评价、利用等技术方面的积累，以团队研究成果为主，结合文献资料，凝练总结青檀繁育栽培及管理中的技术要点编成此书。本书主要介绍了当前国内青檀新品种，以及青檀播种育苗、嫁接育苗、扦插育苗（硬枝、嫩枝）、压条育苗等繁殖技术，裸根移植、带土球移植、容器苗移植等移植技术，苗木造型种类及修剪技术，苗木管护技术、苗木出圃、应用条件与注意事项等，并介绍了国内部分青檀特色示范苗圃和部分育苗专家。

文中标注了插图的来源，文后列出了引用的主要参考文献，在此对被引用材料的作者表示衷心感谢！由于笔者水平有限，本书可能有疏漏或不当之处，欢迎大家批评指正，以利于后续我们逐步改进。

鲁仪增

2022年7月

目 录
CONTENTS

45-52　第2部分　示范苗圃

53-67　第3部分　育苗专家

68　参考文献

第1部分

青檀概况及
育苗技术

PART1

1 青檀简介

学名：*Pteroceltis tatarinowii* Maxim

科属：榆科青檀属

1.1 形态特征

　　落叶乔木，高可达20m以上，胸径可达1m以上；雌雄同株异花。树皮灰色或深灰色，不规则的长片状剥落；小枝黄绿色，之后变栗褐色，疏被短柔毛，后渐脱落，皮孔明显，呈椭圆形或近圆形；冬芽卵形。叶互生、纸质，宽卵形至长卵形，长3~15cm，宽2~9cm，先端渐尖至尾状渐尖；基部不对称，呈楔形、圆形或截形，边缘有不整齐的锯齿；基部三出脉，侧出的一对近直伸达叶的上部，侧脉4~6对；叶面绿，幼时被短硬毛，后脱落常残留有圆点，光滑或稍粗糙，叶背淡绿，在脉上有稀疏的或较密的短柔毛，脉腋有簇毛，其余近光滑无毛；叶柄长1~5cm，被短柔毛（图1-1）。

图1-1　天然林中的青檀成年大树形态（张林 摄）
（1.安徽芜湖天井山国家森林公园千年青檀古树；2.枝条形态）

翅果状坚果近圆形或近四方形，直径10~19mm，黄绿色或黄褐色；翅宽，稍带木质，有放射线条纹，下端截形或浅心形，顶端有凹缺；果实外面无毛或多少被曲柔毛，常有不规则的皱纹，有时具耳状附属物，具宿存的花柱和花被；果梗纤细，长1~2cm，被短柔毛。花期3~5月，果期8~10月（图1-2）。

图1-2　花序和果实（孙忠奎 摄）
（1.花序；2.果实）

1.2　生长习性

青檀适应性较强，属阳性树种，是中国特有的纤维树种，单种属植物（张天麟，2011）。青檀喜钙，具有抗干旱、耐盐碱、耐瘠薄、较耐寒、不耐水湿等特性，同时对有害气体也具有较强的抗性（陈有民，1990；方升佐等，2007）。在海拔100~1500m均有分布，常生于石灰岩山区的林缘、沟谷、河滩、溪旁及岩石缝隙等处，成小片纯林或与其他树种混生[图1-3（1）]；根系发达，生长速度中等，树干萌蘗性强，寿命长，适应环境能力极强，在瘠薄裸岩等立地条件较差的地方也长势良好[图1-3（2）]，适生地庙宇附近常留有千年的古树资源[图1-3（3）]。

图1-3 生长环境（孙忠奎 摄）

（1.天然林生境；2.瘠薄裸岩立地长势；3.千年青檀古树）

1.3 分布状况

青檀地理分布较广，我国的华北、西北、中南、西南均有分布，以安徽宣城、宁国、泾县最为集中。分布的范围北起北京市昌平区（北纬约40°11′）、南到广西河池市（北纬约24°42′），西起青海西宁市（东经约101°77′）、东至辽宁蛇岛等沿海（东经约122°），垂直分布于海拔100～1500m的区域。

1.4 青檀的价值

1.4.1 树种文化

作为我国特有的单种属树种，青檀对于研究榆科植物的发育有着重要的学术价值（王峰等，2015）。青檀充分适应了当地的自然生长条件，是我国传统的乡土树种，能够代表地方一定的植被文化和地域风情，为植物配置提供丰富的文化资源。例如，安徽宣城推介的"宣纸文化游"，泾县开发的"青檀古貌""宣纸文化园"等旅游景点[图1-4（1）]；鲁南古刹青檀寺尚存千年古檀36株，百年古檀更是多不胜数，是冠世榴园风景区自东向西的第一个旅游景点，俗称"青檀秋色"，为古峄县八景之一，枣庄地区据此启动了"青檀学者"的人才工程[图1-4（2）]。

图1-4　树种文化（谢学阳 摄）
（1.安徽泾县宣纸文化园；2.枣庄青檀寺青檀古树）

1.4.2 生态价值

青檀主根明显、根系发达且粗壮，侧根众多。相邻植株的根系相互缠绕、穿插延伸，紧紧地固持着土壤；加上凋落物众多，可以有效地起到涵养水源、保持水土、调节小气候等生态功效（许冬芳等，

2005）。在城市建设中，也可与乔、灌、草巧妙配置，不仅可以美化环境，还可以改善城市小气候、维持城市生态系统的平衡（朱翠翠，2016），构建稳定的城市生态系统，在保护生物多样性方面具有独特优势（图1-5）。

图1-5 生态价值（杜辉 摄）
（1.石灰岩山地造林；2.固持土壤）

1.4.3 观赏价值

青檀树形美观，树冠枝形开展；树皮暗灰色，呈长片状剥落，秋叶金黄，具有良好的观赏价值（于永畅等，2015）。在园林中常孤植或作庭荫树（图1-6），也可丛植或片植；作为行道树时，如与开花的灌木和草花配合，则更为美观。

图1-6 观赏价值（杜辉 摄）

该树种寿命长，耐修剪，易整形，也可制作盆景（秦永建等，2016；孙忠奎等，2017）。国内现存的千年古檀桩饱经风霜，根与树干的形态各异，可让观赏者领略到"不管东西南北风，咬住青山不放松"的"青檀精神"；金秋送爽之时，层林尽染，山谷中的红枫、银杏、青檀互相辉映，别有一番景趣。

1.4.4 经济价值

青檀树皮是制造宣纸的优质原料，相对于桉木、杨木，青檀树皮制浆容易，得率较高（李金昌，1996；高慧，2007），且纤维形态、纤维含量等性能较好，制作的宣纸一直被书法家和画家视作珍品（王峰等，2018），其木材质地坚实、致密、韧性强、耐磨损，可作建筑、家具、农具、绘图板及细木工用材（陈俊愉，2001；王峰等，2015）；青檀叶中含有多种氨基酸（天门冬氨酸、苏氨酸、谷氨酸、甘氨酸、丙氨酸、缬氨酸、丝氨酸、蛋氨酸、异亮氨酸等）和多种微量元素，可作高级营养型饲料添加剂（许冬芳等，2005）；种子可榨油（陈有民，1990）。由于青檀栽培方法简单、易掌握，在部分山区农村有着十分广阔的发展前景。

1.5 品种或良种介绍

1.5.1 '巨龙'青檀（新品种权号：20160110）

由秋水仙素诱导实生苗变异选育而成。该品种基本形态特征：落叶乔木，干皮灰色，皮孔密、椭圆形；枝条平展，深灰色；叶片大、厚纸质、宽卵形，叶片长9.5～16cm，宽8.0～14.0cm，深绿色，叶基偏斜，上表面密被毛；叶柄长1.1～1.5cm，有毛；果实较大，具翅状附属物。花期4月，果期8～9月（图1-7）。

图1-7 '巨龙'青檀（张林 摄）
（1.植株形态；2.叶片大小）

1.5.2 '青龙'青檀（新品种权号：20160111）

由秋水仙素诱导实生苗变异选育而成。该品种基本形态特征：落叶乔木；干皮灰白色，皮孔线形，稀疏；枝条斜展，灰绿色；单叶互生、纸质、多卵形，叶片长1.5～10.5cm，宽1.0～6.5cm，厚度中等，先端渐尖，叶面粗糙，叶基偏斜，具明显三出脉，上面有短硬毛；叶柄长0.3～1.2cm，有毛；成熟叶片绿色［英国皇家园艺学会色卡（RHS Colour Chart）：N137A］；花期4月；果8～9月成熟（图1-8）。

图1-8 '青龙'青檀（孙忠奎 摄）
（1.植株形态；2.叶片）

1.5.3 '凤目'青檀（新品种权号：20160112）

由秋水仙素诱导实生苗变异选育而成。该品种基本形态特征：落叶乔木；干皮灰褐色，皮孔密集、圆形；枝条斜展，灰绿色，秋梢密集；单叶互生、薄纸质、卵形，叶片长1.5~5.5cm，宽0.2~0.8cm，秋梢上的叶片小，先端尾尖，叶基偏斜，具三出脉，上面疏被毛；叶柄长0.2~0.8cm，有毛；成熟叶片绿色（N137B）。花期4月；果8~9月成熟（图1-9）。

图1-9　'凤目'青檀（孙忠奎 摄）
（1.植株形态；2.叶片大小）

1.5.4 '鸿羽'青檀（新品种权号：20200230）

由EMS诱导实生苗变异选育而成。该品种基本形态特征：落叶乔木；树皮灰绿色，皮孔条形；当年生枝条黄绿色，最初有细毛，后逐渐脱落；叶片长4.5~11.1cm，宽2.1~5.3cm，卵状披针形，先端渐尖，基部心形加宽楔形；叶片黄绿色（144A），上面疏被短硬毛；叶柄长0.5~1.6cm；整株叶片下垂呈羽毛状；果实较大，翅果状坚果。适用于园林观赏绿化及荒山造林（图1-10）。

图1-10 '鸿羽'青檀（张安琪 摄）

（1.植株形态；2.叶片）

1.5.5 '福缘'青檀（新品种权号：20200229）

由秋水仙素诱导实生苗变异选育而成。该品种基本形态特征：落叶乔木，主枝斜展；树皮灰褐色，皮孔圆形、稀疏；当年生枝灰褐色，最初有细毛，后逐渐脱落；叶片大，厚纸质，长4.0～11cm，宽2.5～6cm，宽卵形，先端尾尖，基部心形加宽楔形；叶呈绿色（147A），先端叶缘锯齿不规则；上表面粗糙，密被短硬毛；叶柄长1～4cm；翅果状坚果。该品种叶片皱褶极为明显，适用于园林观赏绿化及荒山造林（图1-11）。

图1-11 '福缘'青檀（孙忠奎 摄）

（1.植株形态；2.叶片大小）

1.5.6 '无量'青檀（新品种权号：20200231）

由秋水仙素诱导实生苗变异选育而成。该品种基本形态特征：落叶乔木；主干通直，干性强；树皮灰褐色，皮孔稀疏、圆形；当年生枝灰褐色，最初有细毛，后逐渐脱落。叶纸质，长4.0～10.5cm，宽2.5～7.0cm，中卵形，先端尾尖，基部心形加宽楔形；叶呈绿色（N137A）；叶缘锯齿规则，上表面粗糙，有短硬毛；叶柄长0.8～1.2cm；翅果状坚果。该品种植株直立，干性强，适用于行道树（图1-12）。

图1-12 '无量'青檀（谢宪 摄）
（1.植株形态；2.叶片）

1.5.7 '慧光'青檀（新品种权号：20200232）

由EMS诱导实生苗变异选育而成。该品种基本形态特征：落叶乔木；树皮灰绿色，皮孔稀疏、条形；当年生枝条黄褐色，最初有细毛，后逐渐脱落。叶薄纸质，长4.5～8.1cm，宽2.1～5.0cm，长卵形，先端尾尖，基部心形加宽楔形；叶片黄色（N144A），上表面粗糙，有短硬毛；叶柄长0.5～1.4cm；翅果状坚果。该品种叶片金黄色（N144A），色泽艳丽，似有金粉，叶色变异极为明显，极具观赏价值，适用于园林观赏绿化及荒山造林（图1-13）。

图1-13 '慧光'青檀（张安琪 摄）
（1.植株形态；2.叶片）

1.5.8 '金玉缘'青檀（新品种权号：20200233）

由EMS诱导实生苗变异选育而成。该品种基本形态特征：落叶乔木；树皮灰绿色，皮孔圆形；当年生枝条灰褐色，最初有细毛，后逐渐脱落。叶薄纸质，长4.0~8.5cm，宽2.4~5.0cm，中卵形，先端渐尖；叶基楔形，不偏斜；叶复色，中脉附近为绿色（137B），边缘呈现不规则的黄绿色，上表面粗糙，疏被短硬毛；叶柄长0.4~0.8cm；翅果状坚果。该品种叶色变异极为明显，极具观赏价值，适用于园林观赏绿化及荒山造林（图1-14）。

图1-14 '金玉缘'青檀（于永畅 摄）
（1.植株形态；2.叶片）

2 繁殖技术 ✎

2.1 播种育苗

2.1.1 种实采收与调制

选择生长健壮、无病虫害、结实良好的优良单株作为采种母树。于每年的白露以后至10月上旬，选择无风天气，将塑料布等铺于树下，摇动树枝或用竹竿敲打使果实散落；收集后摊开晾干，将果实放入筛网中搓除果翅并装入网袋，然后放在室内干燥通风处保存（图1-15）。

图1-15 种实采收（李承秀 摄）
（1.采种；2.去除果翅）

2.1.2 圃地选择

选择交通便利、背风向阳、地势平坦的地块，要求土层深厚、通透性良好，灌溉和排水条件良好，pH值为6.5~8.0的沙壤土或壤土为圃地。

2.1.3 整地施肥

耕前每公顷施入充分腐熟的堆肥10000~30000kg。耕地深度为25cm以上；做到地平土碎，清除草根石块等。

2.1.4 作床

苗床分为平床和高床，平床床面宽100～120cm，床埂高20cm；雨水多的地区应制作高床，床面宽100～120cm，两侧沟深15cm左右，床面平整细致。

2.1.5 土壤处理

育苗前对床面土壤进行消毒和杀虫处理。常用药剂及使用方法参见表1-1。

表1-1　土壤处理常用药剂及使用方法（蔡晓玲等，2011）

名称	使用方法	备注
硫酸亚铁	每平方米3%的水溶液4～5kg，于播种前7d均匀浇在土壤中	对丝核菌和腐霉菌引起的立枯病有效，增加土壤酸度，供给苗木可溶性铁盐并有杀菌作用
福尔马林	每平方米用35%～40%福尔马林50mL，加水6～12L，均匀喷洒在地表，然后用塑料薄膜覆盖，7d左右揭掉覆盖物，使气体挥发无味后使用	对大部分微生物都具有破坏能力，是一种常用的广谱杀菌剂
五氯硝基苯	每平方米用70%五氯硝基苯6g混拌适量细土制成毒土，撒入土壤中	对防治由土壤传播的炭疽病、立枯病、猝倒病、菌核病等有效
辛硫磷	5%辛硫磷颗粒35～45kg/hm^{2}处理土壤	对各种地下害虫有效
敌百虫	90%晶体90～150kg/hm^{2}加水5倍喷于15～20kg细土上制成毒土，撒入土壤中	对各种地下害虫有效

2.1.6 种子催芽

2.1.6.1 沙藏催芽法

一般在12月以后选择沙藏，将保存的种子用浓度为0.4%～0.5%的高锰酸钾溶液浸泡1h，清水冲洗3次，洗净晾干后沙藏。沙与种子的比例以3∶1为宜，沙的湿度以"手握成团触之即散"为宜，混合后装入透气的种子袋内［图1-16（1）］。选择排水良好、背阴的地块铺10cm厚湿沙，将透气的种子袋放入后，覆盖30cm的湿沙与地面齐平［图1-16（2）］，再覆盖一层玉米秸秆保湿，雨雪天做好防水处理。翌年3~4月，1/3的种子露白后播种。

图1-16　沙藏催芽（孙忠奎　摄）
（1.沙藏；2.坑穴储存）

2.1.6.2　温水浸种催芽法

播种前，在温室内将干净的种子用清水浸泡12~15h，再用0.3%~0.5%的高锰酸钾溶液浸泡2h，捞出后用清水冲洗、阴干。沙与种子的体积比不低于3∶1，沙的含水量为饱和含水量的60%。具体掌握为"手握成团，指缝有水但不滴水，松手后能自动散开"。每天上下翻动1~2次，保持湿度和温度一致。4月上旬左右，当80%的种子露白时即可播种。

2.1.7　播种

播种方法一般为开沟条播和撒播（图1-17）。

条播：土壤墒情好时可直接播种，方法是边开沟、边播种、边覆土，沟深1~2cm，沟距为20~25cm，覆土厚度为1~2cm；土壤墒情不好时，应先对苗床灌水造墒，待墒情适宜时再播种。播后覆盖地膜或薄草苫保湿，发芽出土整齐后即可揭去部分地膜或草苫，揭开时最好为阴天或傍晚。播种量：25~35kg/hm^2。

撒播：土壤墒情好时可直接播种，土壤墒情不好时，应先对苗床灌水造墒，待墒情适宜后再播。方法是将种子均匀撒布在床面上，覆盖细土厚1~2cm，播后覆盖地膜。播种量：40~50kg/hm^2。

图1-17 播种育苗（李承秀 摄）
（1.条播；2.撒播；3.盖草苫）

2.1.8 播后管理

2.1.8.1 苗木生长初期

自4月幼苗出土后至5月，为青檀苗木生长初期，特点是幼苗开始出现真叶和侧根，地上部分生长缓慢，根系生长较快，苗木幼嫩，抗逆性弱。这一时期的中心任务是在保苗的基础上进行蹲苗，以促进其根系生长发育，为下一时期苗木迅速生长打下基础。具体措施是及时除草，进行适当灌溉。出苗后发现缺苗严重时，须采取补种或移栽的措施补苗，补苗须保证土壤水分充足；当出苗密度过大时，宜进行间苗。间苗是按照田间合理密度要求拔掉一部分苗，通常分两次进行。第一次间苗一般在第1片真叶出现时进行。最后一次间苗称定苗，一般在4~5片叶子时进行。间苗的原则是保证全苗、去弱留壮；完成以上过程后及时进行定苗。同时合理追施磷氮肥并注意防治病虫害（图1-18）。

图1-18　播后管理（李承秀 摄）
（1.蹲苗；2.补苗）

2.1.8.2　苗木速生期

6月至8月下旬为青檀高生长速生期，这一时期的特点是地上部分（高生长、侧枝生长）和根系生长都很迅速。速生期是决定苗木质量优劣的关键时期，这一时期的中心任务是加强抚育管理，提高苗木质量。具体措施是追肥、灌溉、排涝、松土除草等，在整个速生期，应追施2~3次速效氮磷钾肥，并结合追肥进行灌溉和松土。此外，还要做好抹芽工作。

2.1.8.3　幼苗木质化期

从苗木高生长大幅度下降时开始，到根系生长结束为止。8月下旬之后，全年降雨基本结束，苗木高生长、侧枝生长开始缓慢下来，进入9月中旬，苗木高生长、侧枝生长明显缓慢下来，此时新的侧枝不再萌发，但地径还在明显生长；进入10月下旬，大部分苗木停止高生长，地径生长也逐渐放缓；10月中下旬，苗木高生长、地径生长全部停止。在此期间，苗木根系生长加快，之后随着气温的降低，根系生长逐渐缓慢下来，直到土壤冻结后根系停止生长。此时期的中心任务是防止苗木徒长，促进苗木木质化。采取的措施是停止人为灌溉、施用氮肥，苗圃生产中可喷施防冻液或0.5%磷酸二氢钾液肥2~3次，以提高苗木的抗寒能力。

2.1.9　圃地管理

根据青檀苗木生长规律和特性，在圃地管理方面应采取以下几种措施。

2.1.9.1 浇水

视土壤墒情进行灌溉，全年应浇水3~4次，浇后及时松土除草。6~7月根据降雨情况，适当浇水1~2次；8月下旬前，若天气干旱，再浇水1次；8月下旬，为防止苗木徒长，使苗木充分木质化，应停止人为浇水（图1-19）。土壤冻结前，应及时浇足封冻水。

图1-19　浇灌（乔谦 摄）

2.1.9.2 追肥

追肥原则上视土壤肥力而定，结合浇水实施。不同土壤所含营养元素的种类和数量不同，本着"缺啥补啥"原则进行追肥。就一般土壤而言，追肥应以氮肥为主，氮素充足的土壤，应加大磷钾肥的比例。看苗施肥，苗木在不同生长发育时期，对营养元素的需要不同，生长初期需要氮肥和磷肥；速生期需要大量的氮、磷、钾肥和其他一些必需的微量元素；生长后期则以钾肥为主、磷肥为辅。追肥要遵循"量少次多、适时适量、分期巧施"的原则。一般在生长季追施氮肥2~3次，具体时间为：5月中下旬每667m²施肥约10kg，6月中下旬、7月下旬施肥约15kg，8月中旬施入适量磷钾肥，以提高苗木木质化程度。

2.1.9.3 中耕除草

根据土壤板结程度、杂草生长情况及时中耕除草。松土初期宜浅，深度为2~4cm，随着苗木的生长进程，再逐步加深，但苗根附近宜浅，不能损伤根系。青檀种子萌动至出土前，可只拔草不松土。苗木出土后，由于苗木幼小，对不良环境条件的抵抗能力弱，所以要及时松土除草，防止土壤板结和杂草生长；在速生期，苗木需水分、养分多，松土除草有利于改善土壤水分、养分和光照条件，促进苗木生长，此时期除草次数应根据土壤、气候和杂草滋生情况而定。每次雨后和灌溉后都要及时松土，苗木生长后期停止松土除草，以促进其木质化。

2.1.9.4　苗期病虫害防治

危害青檀幼苗的害虫主要有蝼蛄类、蟋蟀类以及金龟类，危害时间主要在苗木速生期前。

蝼蛄类、蟋蟀类害虫防治方法：在播种前，用90%晶体敌百虫或其他类似药剂0.5kg加水5kg拌饵料50kg，傍晚将毒饵均匀撒在苗圃地上诱杀。饵料可用多汁的鲜菜、鲜草以及蝼蛄喜食的块茎和块根，或用炒香的麦麸、豆饼和煮熟的谷子等。用25%西维因粉100~150g与细土均匀拌和，撒于土表再翻入土下毒杀。或找到蟋蟀洞穴后，扒去封土，灌入90%晶体敌百虫1000倍液药剂毒杀。

金龟类害虫防治方法：在播种前将辛硫磷均匀喷洒在地面，然后翻耕或将药剂与土壤混匀，或药肥混合后在播种前沟施，或将药剂配成药液顺垄浇灌或围灌防治幼虫。在成虫盛发期，喷25%西维因粉1000~1500倍液，或其他药剂进行防治。

2.2　嫁接育苗

2.2.1　砧木选择

选择根系发达、生长健壮的1~2年生实生苗作砧木。

2.2.2　接穗选择与处理

选择生长健壮、无病虫害、无机械损伤的1年生半木质化枝条作为接穗。硬枝接穗宜早春剪取后沙藏或低温贮存。嫩枝接穗随采随用。

2.2.3　嫁接时间

春接为3月中旬至5月上旬，秋接为8月中旬至9月上旬。

2.2.4　嫁接方法

2.2.4.1　舌接

在距地面5~8cm处剪砧。砧木削出长2.5~4cm的马耳形削面，在削面上端1/3处向下切出长约2cm的切口，接穗与砧木削法相同。

使砧穗形成层对齐，砧、穗粗度不等时可对准一侧形成层。用嫁接膜将接口绑严，接穗用地膜包严保湿（图1-20）。

2.2.4.2　劈接

适用于粗度超过接穗2倍以上的砧木。剪砧后，沿横断面中部下劈，切口长约4cm。把接穗削成约3cm的楔形切口，接

图1-20　舌接（程甜甜 摄）

穗外侧比内侧稍厚。接穗削好后，把砧木劈口撬开，插入插穗，使插穗的外侧形成层对齐。接穗切口上端高出砧木切面0.2~0.5cm（图1-21）。接穗及接口处理参照舌接。

图1-21　劈接（任红剑 摄）
（1.大田苗劈接；2.容器苗劈接）

2.2.4.3　腹接

在砧木光滑处切成"T"字形切口。接穗长度为10~15cm，削成长约3cm的切口；挑开"T"字形切口上部，将削好的接穗插入切口内。接穗及接口处理参照舌接。

2.2.5　接后管理

嫁接成活后，及时抹除砧木萌芽。腹接成活后，及时剪除接口以上砧木。接穗萌发后，应及时浇水，可施追肥。为防止新梢风折，应设立防风杆。8月下旬以后，根据愈合程度，去除绑扎膜。

2.3 嫩枝扦插繁殖

2.3.1 扦插时间

嫩枝扦插一般在5月中旬至7月中旬。在这段时间，当年生的枝条已经半木质化，容易生根。过早扦插，枝条木质化较差，扦插后容易萎蔫；过迟扦插，枝条木质化程度高，扦插后不生根或生根缓慢。

2.3.2 插棚处理

2.3.2.1 插棚消毒
宜选用温室、塑料棚或小拱棚等设施。扦插前5~7d，用高锰酸钾对扦插棚进行消毒6~8h，之后打开扦插棚通风。

2.3.2.2 嫩枝插床
棚内于插床上方1.7~2.0m处，安装间歇弥雾装置。

2.3.2.3 插棚遮阳
扦插棚外，宜使用不低于60%的遮阳网。

2.3.3 扦插基质

为防止插穗因通气不畅而腐烂，扦插基质的透气性、保水性要好。扦插基质采用混合基质或河沙。混合基质按照椰壳、珍珠岩、蛭石的体积比为7：2：1混合而成。混合基质的含水量为60%左右，具体掌握为"手握成团，指缝有水但不滴水，松手后能自动散开"。扦插前用0.1%~0.3%高锰酸钾或700倍多菌灵溶液对扦插基质进行喷灌消毒。

2.3.4 扦插苗床准备

苗床床宽100~120cm，床长视大棚规格而定。使用河沙扦插，沙的厚度不少于20cm，床面整平，中间略高，以利排水［图1-22（1）］。采用混合基质扦插，宜应用6cm直径、11cm高的育苗容器，放在苗床上［图1-22（2）］。

图1-22　苗床准备（任红剑 摄）

（1.河沙苗床；2.混合基质苗床）

2.3.5　插穗制备与处理

2.3.5.1　穗条采集

在无风阴天或者清晨，选取生长健壮且没有病虫害的幼树，采集健壮幼树的半木质化枝条，以当年伐桩上的萌条最佳。穗条采下后，注意恒温保湿。随采随插。

2.3.5.2　插穗制备

将插条截成长12～15cm的插穗。插穗不少于3～4个芽，上部保留1对叶片。插穗的剪口平滑、不破皮、不劈裂、不伤芽。

2.3.5.3　激素处理

采用0.3%的高锰酸钾溶液消毒5min，随后采用500mg/L α－萘乙酸溶液速蘸3～5s（图1-23）。

图1-23　激素处理（程甜甜 摄）

（1.消毒后；2.蘸取激素溶液）

2.3.6　扦插

2.3.6.1　扦插方法

将插穗基部垂直插入基质，扦插深度为3~4cm，以插穗不倒为准。宜浅勿深。

2.3.6.2　扦插密度

扦插密度为220~260株/m²。使用混合基质扦插时，宜采用穴盘（图1-24）。

图1-24　扦插（燕语 摄）
（1.扦插中；2.扦插后）

2.3.7　插后管理

2.3.7.1　环境管理

扦插后即刻喷雾。喷雾时间自动控制，每次喷8~10s。扦插前期，每隔15~20min喷雾1次，保持叶面湿润；待有愈伤组织出现时每隔30~40min喷雾1次；开始生根后，逐渐减至50~60min喷雾1次。阴雨天减少喷雾次数，相对湿度宜保持在80%~90%。扦插棚内温度控制在30~40℃，棚外使用遮阳网，透光率为60%~70%。

2.3.7.2　病害预防

每5~7d，用75%百菌清可湿性粉剂800倍液、70%甲基托布津可湿性粉剂1000倍液和50%多菌灵可湿性粉剂等广谱性杀菌剂交替喷雾消毒。

2.3.8 生根管理

2.3.8.1 插穗生根

插后7～10d形成愈伤组织，15～30d形成不定根（图1-25）。

图1-25 嫩枝扦插生根（于永畅 摄）
（1.混合基质插穗；2.沙基扦插不定根形成）

2.3.8.2 叶面施肥

根系长度平均达到5～7cm时，逐渐减少喷水次数。

2.3.8.3 炼苗

逐渐通风透气，增加炼苗强度，炼苗10d后，撤除遮阳网。

2.3.8.4 移栽及管理

炼苗后即可进行移栽，移栽宜选择傍晚或阴天进行。移栽前2～3d先浇透水1次，利于起苗。起苗后按30cm×40cm株行距挖定植穴，先浇水再植苗，栽后再浇透水，待水阴干后培土。之后每7d左右浇水1次，连浇3次，此后可根据土壤墒情确定是否连续浇水。旱季和雨季增加中耕次数，深度为10cm左右，以增强土壤通透性，达到抗旱排涝的目的，促进新根萌生。

6月中旬，按照每亩[①]地开沟施入10kg氮磷钾各15%的复合肥；7月中旬，每亩地开沟施入10kg硫酸钾复合肥，同时每周叶面喷0.3% KH_2PO_4 液肥，直至10月中旬。生长季有蚜虫危害时，可用10%吡虫啉可湿性粉剂1500～2000倍液喷雾防治。

---

① 1亩=1/15hm²，下同。

2.4 硬枝扦插繁殖

2.4.1 扦插时间

硬枝扦插适宜时期为3月中下旬春季萌芽前。

2.4.2 插床处理

硬枝扦插育苗的苗床准备同嫩枝扦插育苗，在温室或小拱棚内进行。

2.4.3 插穗制备

于扦插当天，选择并采集生长健壮、木质化程度高、无冻害和病虫害的1年生枝条，粗度为0.5～1.5cm，将穗条截成长12～15cm的插穗。插穗不少于3～4个芽，上口平截，下口斜截，插穗的剪口平滑、不破皮、不劈裂、不伤芽。上端第一个芽子离剪口约1cm。将插穗按照粗细分成大、中、小三级，分别打捆，每捆50～100条。

2.4.4 激素处理

插穗用1000mg/L α-萘乙酸溶液浸泡10min。

2.4.5 扦插

2.4.5.1 扦插方法

利用直径与插条相仿的工具，在穴盘穴孔中间打孔，孔深约1cm，打好孔后，立即将插条插入穴中，并用拇指和食指在插孔边轻压，保证插条与基质充分接合，避免用力过大对插条造成损伤。插条要求整齐一致，插好后及时浇水并保证浇透，浇水要用1000目的园艺喷头洒水，避免将插条浇倒，对于个别被浇倒的插条要及时扶起。当穴盘放满小拱棚后，喷600倍的百菌清药液进行病害防治。

2.4.5.2 扦插密度

扦插密度为30～40株/m²。

2.4.6 插后管理

2.4.6.1 浇水施肥

将插穗插入苗床，浇1次透水，之后可根据基质墒情确定是否连续浇水（图1-26）。

2.4.6.2 炼苗

逐渐通风透气，增加炼苗强度，炼苗10d后，撤除棚膜。

图1-26 硬枝扦插管理（程甜甜 摄）

2.4.7 移栽及管理

2.4.7.1 移植密度

移植苗在大田里可呈"品"字形栽植，依苗木的预期培育规格和年限，初植密度一般以行距为0.5m，株距为0.3m为宜，根据苗龄的增长，可以采用隔行去行和隔株去株两种方式，逐步增大株行距，把株行距逐渐调整到0.6m×0.5m和0.6m×1m。

2.4.7.2 移植方法

移植前先整地，清除杂草、石块，整地前要施足基肥，根据移植苗木的大小，选择使用全面和局部两种整地形式。移植苗木小、密度大时，要使用全面整地形式，一般深翻20~30cm；移植苗木大、密度小时，为减轻工作量可选用局部整地形式。局部整地形式分为条形整地和穴状整地两种：条形整地，一般宽0.8~1m、深0.5m，长度随育苗地的长度而定；穴状整地，一般按40cm×40cm×40cm的规格挖栽植穴，穴与穴之间的距离即移植苗木的株行距。栽植深度以苗根颈原土痕略高于大田地面为宜（浇水沉实后，根颈与地面平齐）。移植后浇足定根水。随时检查，及时补苗、扶正。

2.4.7.3 追肥

移植一个月萌发新根后开始追肥。施肥种类有速效氮肥、复合肥和腐熟有机肥等。施肥种类、施肥数量和施肥方式都要根据苗龄、育苗密度和不同的生长期等因素选择。苗木速生期，可追施速效氮肥；苗龄小、育苗密度大，适合追施复合肥，采用点穴施肥方式；苗龄大、密度小，适合追施腐熟有机肥和复合肥，可在树冠外沿附近挖辐射状和环状沟，进行沟施。施肥量视苗木年龄而定，提倡少量多次追肥法，一般掌握在有机肥2000kg/666.7m²；复合肥50kg/666.7m²；速效氮肥100kg/666.7m²。施用有机肥时宜挖约30cm进行沟施；施用速效肥时宜挖8~12cm进行沟施。

2.4.7.4　排灌

幼苗刚移入大田时，随即浇透水1次；移植3d和5d后，再分别浇1次透水，连续浇水2~3次，新移植苗基本成活，待其生长稳定后，可视天气和土壤墒情而确定是否浇水，做到"不干不浇，浇则浇透"。每次浇水3d后，进行松土划锄1次。雨季应及时排水，防止圃地积水。

2.5　压条育苗

压条时间以冬季或春季为宜，选择地势较缓、土层较厚的青檀林。选择生长健壮、多发新枝的壮年母树，在其树基周围40~50cm处开挖深10~15cm、宽5~10cm的小沟，将粗2~3cm、长1~1.5m的新枝拉弯使其中段置于沟中，用石块压住，再盖上土压紧，不让其弹起，苗梢保持上翘。压条3~4个月后即可生根。移栽时把与母树相连的一端沿土面剪断，取出压条即可栽植。

压条育苗费工费时，育苗量少，不宜大面积进行。

3　移植技术

一般造林地或绿地栽植，可以直接选用小规格裸根苗，对于地径大于3cm的苗木或夏季移栽的苗木，则需要选用带土球起苗或容器苗。

3.1　裸根移植

3.1.1　移植地准备

苗圃应选交通便利、地势平缓、背风向阳、土层疏松深厚、排水良好的壤土或中壤土。一般在春季萌芽前进行移栽，1~2年生苗可裸根蘸泥浆进行移植。

3.1.2　起苗

应随起随栽，长距离运输需蘸泥浆（也可根据需要混合使用一些生根液、生根粉等辅助生根）。青檀苗主根较深，侧根不多，起苗时应保持根系完整，主根长度不宜超过18cm，以方便栽植（图1-27）。

图1-27　裸根苗移植（孙忠奎 摄）

3.1.3　栽植

栽植前要对损伤根、枯死根及过长的根系进行修剪，剪口要平滑。栽植时遵循"三埋两踩一提"的原则，防止栽植过深；回土时应先回表土后回心土，分层压实后将苗基部培成馒头形。若移植苗不能及时移栽，起苗后须假植或用保湿材料包扎、覆盖。栽植后即要浇透水，第3日、第7日浇第2遍和第3遍水。

3.2　带土球移植

3.2.1　起苗包装和运输

根据树形、树冠要求修剪移植苗木。对于树冠丰满、高度适中的苗木，将徒长枝、病死枝、过密的枝条剪去即可；对于主干过高的苗木，可对其进行截干。

在移植带土球大树时，土球直径要求为地径的8～10倍，其深度视其苗木根盘深浅而定。起苗后，应用草绳捆扎。大树运输时，为防止刮伤树皮，可采用草绳包裹树干（图1-28）。

图1-28 移植（孙兆国 摄）

3.2.2 栽植

植穴深度及宽度，按土球四周及底部平均预留10～20cm的标准开挖，土质差时回填客土。若废土量多而影响排水，整地时应运离。植穴客土应为含有机质的砂质壤土，其他均不得使用。保证根系舒展，忌窝根、团根。栽植深度应使根颈与地面相平，不宜深栽。为提高大苗成活率，栽植后还可采取以下措施。

苗木在栽植后即要浇透水，第3日、第7日浇第2遍和第3遍水，浇足定根水后，可用地膜覆盖根部，覆盖范围要与定植穴大小一致，以有利于减少根部范围内水分的蒸发，提高地温，加快根系伤口的愈合和促进新根的产生。可用浸过水的草绳从下往上缠绕树干，再用稀泥将草绳抹实，能保持树干的水分。苗木截干时，若截干处伤口过大，可在伤口外抹上蜡或者伤口愈合剂，再用薄膜包扎。需要注意的是，伤口处一旦萌发新梢，要立即将薄膜挑破，让新梢伸出来；否则会因膜内温度过高而灼伤新梢，影响生长。

3.3 容器苗移植

容器苗技术因移植便利以及成活率高等特点，是今后苗木产业发展的重要趋势之一。把容器苗移入地栽苗圃培养大苗，相对于裸根与带土球移植而言更为简单便利。

3.3.1 去除容器袋

种植时先轻拍杯四周使其松动，再提住主干，取出苗木。

3.3.2 理顺根系

将根系四周的营养土刮掉1cm左右，根系下端的营养土去掉1/4左右。剪去下端根系弯根。这样做的目的在于使根系迅速与定植穴的泥土结合。

3.3.3 种植

将苗木放入定植穴中央，将土回填到根系1/3时，压根系四周泥土，然后往上稍微提一下苗木，继续回土，边回土边用双脚在苗木四周轻轻踏实。苗木栽植后要高出地面20cm左右，保证泥土下沉后苗木根颈不裸露，苗木四周要求做一个树盘。

3.3.4 灌水

栽后的青檀苗木要及时灌透水，使基质根系与土壤紧密结合。5d后浇第2次水，以后视土壤、天气情况确定是否浇水。种植完毕要注意把塑料容器袋集中销毁，防止环境污染。

4 修剪技术

4.1 苗木造型种类

根据应用形式，青檀整形主要有以下四种类型：
①培育行道树苗木。
②培育丛生型苗木。
③培育造型树苗木，造型方式一般有球形、高杆球形、圆柱形、方块形等。
④杯状整枝。

4.2 修剪时间

一般在秋冬季至翌年春季，造型树修剪宜在年度生长周期的适宜时间进行。

4.3 修剪方法

4.3.1 培育行道树苗木

每年4~6月除掉基部萌芽，保持分枝点高度在2~2.5m，在4m左右截干，培育3~5个主枝，培育良好的行道树干形，将树冠修剪成骨干纺锤形（图1-29）。

图1-29 行道树苗培育（张林 摄）
（1.纺锤形青檀单株；2.纺锤形苗木培育）

4.3.2 培育丛生型苗木

秋季落叶后，将2~3年生苗木保留10~20cm高，与基部进行平茬，春季自地表萌发很多枝条，从中选5~6枝进行培养，及时抹除多余的芽，逐步培育成丛生多干型（图1-30）。

图1-30 丛生培育（王峰 摄；王富金 摄）
（1.丛生青檀单株；2.丛生型苗木培育）

4.3.3 培育造型树苗木

青檀造型树经过人工整形及修剪成形，形态各异。多为多球形或云片形，高1.2～3m，丛生或独干，每株可存有几个至十几个球（或云片）。青檀耐修剪，生长迅速，盆栽可制成大、中、小型盆景；极易成活，树条柔嫩易扎定型，极富自然野趣。培育方法：4月初，对当年生枝条进行修剪，一般保留当年枝10～15cm，5月底到6月初进行二次修剪，保留新生枝6～10cm。修剪要造型均匀，高杆球形杆部要及时除蘖。

4.3.4 杯状整枝

利用人工控制树形，逐年培养成杯状树形，主要在于促进多发枝条，或用于造型增加效益，或增加茎皮产量以提升经济效益。杯状整枝优点多，生产潜力大。具体是在栽植后的第二年冬，从树干基部离地约1m处截干，新梢萌发后保留向四周生长的3～4条健壮主枝，控制其斜度在45°～60°。若主枝多向上伸，可用细麻绳慢慢往下拉，拉到一定斜度时，再将绳索固定。翌年春进行第二次短截，再由所留的主枝50cm处平截，翌年新发的嫩条再保留2条向左右生长的侧枝，并控制其夹角在45°～60°；第三次，再从侧枝30cm处平截，让其萌发新条。这样便形成6～8个分枝的树头，以后每隔2年均可获取枝条。

5　管护技术

5.1　浇水

裸根青檀苗或容器苗栽植大田后，需浇透水并依土壤墒情进行抚育管理，容器苗浇水不及时或不透均影响苗木正常生长。

5.2　施肥

青檀幼苗不能施肥，大规格苗木可适时施肥。一般大田苗萌芽后，视生长情况而采用沟施；容器苗建议采用水肥一体化进行养护管理。以氮肥为主，氮磷钾比例一般为3∶1∶1。

5.3 中耕除草

除草遵循"除早、除小、除了"的原则，行间可铺设防草布，以防杂草丛生。新移植的青檀苗木冠小，要勤除草，待苗木冠幅逐步扩大后，杂草自然减少，此时可减少除草次数。

5.4 冬季防护

青檀幼苗生长过快，当年苗或1年生萌条极容易在地表之上死亡，大规格苗木的越冬能力较强，容器苗一般用秸秆覆盖根系进行防护。

5.5 病虫害防治

青檀抗病虫害能力较强。危害较为严重的病虫害主要是叶斑病和绵叶蚜。

5.5.1 病害及防治

5.5.1.1 叶斑病

症状：病叶初期出现暗色圆形斑点，病斑渐大后，中央呈灰白色，严重时斑点蔓延使叶片枯落。通常矮林作业的植株上发生较为严重。

防治方法：一是彻底清除和烧毁患病枝叶，切断病源；二是加强抚育，清除杂草，剪除过密细弱枝条，改善通风条件，砍除临近遮阴的树木或枝条；三是改变作业方式，低湿地区不宜采用矮林作业，可采取头木作业或杯状整枝；四是在每年4~8月，喷洒1%的波尔多液，效果显著。

5.5.1.2 溃疡病

症状：受害树木多在皮孔和修枝伤口处发病。发病初期，病斑不明显，颜色较暗，皮层组织变软，呈深灰色。发病后期，病部树皮组织坏死，枝、干部受害部位变细下陷，纵向开裂，形成不规则斑。当病斑环绕一周时，输导组织被切断，树木干枯死亡。幼龄苗木当年死亡，大树则数年后枯死。

防治方法：一经发现，就地烧毁病株。及时修枝，防治榆跳象，提高抗病力。发病初期，用甲基托布津200～300倍液，或50%多菌灵可湿性粉剂50～100倍液涂抹防治。

5.5.1.3　枯枝病

症状：发病初期症状不明显，皮层开始腐烂时也无明显症状，只有小枝上叶片萎蔫，叶形甚小，剥皮可见腐烂病状。此后病皮失水干缩，并产生朱红色小疣。若病皮绕树枝、干一周，则导致枯枝、枯干。

防治方法：注意防治害虫，预防霜冻及日灼。及时修枝、清理病虫枝和病虫木及枯立木。修剪不宜过度。

5.5.2　虫害及防治

5.5.2.1　尺蠖

青檀虫害多为尺蠖，可用黑光灯诱杀成虫，或在成虫羽化期过后23～25d至幼虫2龄前，用25%灭幼脲Ⅲ号800倍液喷雾防治。

5.5.2.2　蝼蛄类、蟋蟀类

蝼蛄类、蟋蟀类害虫危害时间主要在苗木速生期前。

防治方法：（1）在播种前，用90%晶体敌百虫或其他类似药剂0.5kg加水5kg拌饵料50kg，傍晚将毒饵均匀撒在苗圃地上诱杀。饵料可用多汁的鲜菜、鲜草以及蝼蛄喜食的块茎和块根，或炒香的麦麸、豆饼和煮熟的谷子等。（2）用25%西维因粉100～150g与细土均匀拌和，撒于土表再翻入土下毒杀。或找到蟋蟀洞穴后，扒去封土，灌入90%晶体敌百虫1000倍液药剂毒杀。

5.5.2.3　金龟类

金龟类害虫危害时间主要在苗木速生期前，啃食植物根系。

防治方法：用辛硫磷在播种前均匀喷洒地面，然后翻耕或将药剂与土壤混匀，或药肥混合后播种前沟施，或将药剂配成药液顺垄浇灌或围灌防治幼虫。成虫盛发期，喷25%西维因粉或15%乐果粉1000～1500倍液，或用其他药剂进行防治。

5.5.2.4 青檀绵叶蚜

青檀绵叶蚜严重危害其叶片、果实及幼嫩枝条，导致叶片褪绿变黄、卷曲甚至脱落，造成种子无法发育，严重影响青檀结实，虫体产生的蜜露还会诱发严重的煤污病。

青檀绵叶蚜对黄色具有正趋性，生产上可合理利用这一特性，采用黄色粘虫板诱杀蚜虫，减少虫害的传播和蔓延（图1-31）。悬挂于树冠下层的黄板诱捕的蚜虫数略大于树冠中层，但在瓢虫（以龟纹瓢虫为主）发生的高峰期诱捕瓢虫的数量较多，因此，在实际应用中，黄板应悬挂于树冠的中下层，诱捕时间应避开天敌瓢虫的高发期。

图1-31 青檀绵叶蚜（谢学阳 摄）

5.6 其他可能出现的风险预防

5.6.1 病弱、死亡植株的更换与补栽

在更换与补栽病弱、死亡植株时尽量选取相同品种和规格的苗木。补栽的苗木与已成形的苗木胸径相差不超过0.3cm，冠高相差不超过20cm。应做到及时补栽，不拖延。补栽后进行精心管理，使其尽快达到相同的规格标准。

5.6.2 大风

如遇极端大风天气，易造成树木倾斜和倒伏，尤其是在青檀大树移植过程中，由于移植时间较短、树体过大、根基不牢，需于定植后及时设立一定的支撑。对苗圃中的苗木，一旦发现有倾斜、歪倒的情况，要及时处理，做到及时发现、及时支撑。

5.6.3 水涝

青檀不耐涝，在发生大规模降雨时要及时排水。建圃时需预设排水沟，苗木栽植时宜浅栽；雨后要合理安排松土，提升土壤透气性。

6 苗木质量

苗木质量形态指标主要有苗龄、干高、地径、冠幅以及综合的质量指数等。形态指标在生产上简便易行、用肉眼可观测、用简单仪器可以测定、便于直观控制，而且各形态指标都与苗木生理生化状况、生物物理状况、活力状况及其他状况等有相关关系，如苗茎有一定的粗度可使苗木直立挺拔、有适当的根量保证向苗木提供水分和养分等。因此，形态指标始终是研究和生产上都特别关注的苗木质量指标。

苗高是评价苗木等级的关键指标之一，即苗木从地面到树梢的高度。若苗木高度未达到标准要求，则被判定为等外苗。然而，生长过于细长而导致苗木细弱的情况也属于等外苗。

地径指苗木主干靠近地面处的根颈部直径。一般在苗龄和苗高相同的情况下，地径越粗的苗木质量越好，栽植成活率高，所以地径能够比较全面地反映出苗木的质量，是评定苗木质量的重要指标，生产上一般主要根据苗高和地径两个指标进行苗木分级。

冠幅为苗木冠丛垂直投影面的直径。一般在苗龄和苗高相同的情况下，冠幅越大、冠形越圆满的苗木质量越好。

综合控制标准包括根系健康，新芽发育饱满、健壮，苗干通直粗壮、色泽正常，充分木质化，无检疫对象病虫害，无枯梢和机械损伤等特点，综合控制条件达不到要求的为不合格苗木（表1-2）。

表1-2 青檀苗木分级标准

苗木类型		苗龄	苗木等级								综合控制指标	Ⅰ、Ⅱ级苗百分率（%）
			Ⅰ级苗			Ⅱ级苗						
			干高（cm）	地径（cm）	冠幅（cm）	干高（cm）	地径（cm）	冠幅（cm）				
裸根苗	幼苗	2	>120	>1.2	50	>30	0.3~0.4	40			根系健康，新芽饱满，充分木质化，无病虫害	85
	大苗	>3	>250	>3.0	150	>200	>2.0	100			树干通直，株型饱满圆整，充分木质化，无病虫害	90
容器苗		1	>80	>0.7	30	>70	>0.6	25			根系健康，新芽饱满，充分木质化，无病虫害	85
		2	>120	>1.2	60	>100	>1.0	50			树干通直，株型饱满圆整，充分木质化，无病虫害	90

7 苗木出圃

7.1 地栽苗出圃

7.1.1 起苗前准备

圃地由于雨水或浇地后土壤含水量较高时，应待土壤稍干后起苗。

7.1.2 起苗时间

起苗时间一般应在休眠期，以春季萌芽前起苗为主。

7.1.3 起苗方法

采用人工起苗或机械起苗。幼苗休眠期一般采用裸根起苗，非休眠期或胸径3cm以上的苗木宜带土球，土球大小依据苗木地径而定，一般土球直径为地径的8~10倍，规格越小倍数越大，建议使用草绳等易分解的材料捆扎土球。

7.1.4 修剪

起苗后宜进行修剪，需根据苗木生长情况和培育目的合理保留冠幅。

7.2 容器苗出圃

容器苗培养周期一般不超过半年，待须根长满容器即可出圃，这是容器苗出圃的关键。出圃前2d需控水，便于容器苗装箱运输。

7.3 苗木包装与运输

7.3.1 苗木标识

苗木出圃应带有明显标识牌。标识牌内容：苗木名称、拉丁名、起苗日期、批号、数量、苗木检验证号和发苗单位等。

7.3.2　苗木检疫

跨县市运输的苗木，应附有当地森林病虫害防治检疫机构开具的苗木检疫证书。

7.3.3　包装运输

包装前进行质量检验，剔除不合格苗木，防止残次苗、病苗出圃。1年生裸根苗每10棵1捆，用浸湿的麻袋片、草绳等包扎；大规格土球苗需包扎紧实。不能立即栽植的土球苗或裸根苗须进行假植（图1-32）。

容器苗视苗木规格进行包装，也可采用专用箱，苗木远途运输应采取保湿措施。

图1-32　带土球苗运输（孙兆国 摄）

7.4 苗木贮藏

7.4.1 地址选择

苗木出圃后如不能运走应进行假植。假植要选择地势平坦、背风向阳、排水良好、交通方便的地方。沟的方向应与主风向一致，沟深1m、宽1.5m，长度根据苗木数量而定，沟最好是南北向，假植时在沟的一头垫一些松土。

7.4.2 沙藏

先在沟底铺10～15cm厚的湿沙，沙子要用0.5%多灵菌进行消毒处理。在沟的北头摆放一排苗木，一棵一棵摆开，不能成捆，不能重叠，苗木与沟面呈45°角。苗木放好后填一层湿沙，接着再摆放苗木，后填沙。假植沟内每隔1m放一个秫秸把，以利通气。所有苗木摆放完后，往沟里填沙子，深度应达苗高的3/4。土壤结冻前，将苗木顶上加厚20～30cm湿沙。最后在沟内插入温度计，便于以后观察。

8 应用条件和注意事项

8.1 应用条件

8.1.1 生态造林应用

青檀对土壤的要求并不高，无论是谷地和山坡，还是裸露岩石的荒山和河岸滩地等都可以栽种青檀。路旁和村旁等处更适合栽种青檀，长势更好。并且由于青檀根系发达，其在固土保水方面有独特的重要功能。在被地震严重破坏地段和地质断层地带、铁路和公路（含高铁和高速公路）两旁坡度较大的山坡推广青檀林的营造，对于减少诸如泥石流、山石坠落等次生灾害的发生，降低危害程度有重要意义；在石漠化治理方面可以广泛应用。钙质土壤比较适合青檀的生长，主要分布在砂岩或者石灰岩地区。

青檀造林过程中，通常采用全冠苗造林的方法。此外，还可以有效运用截干栽植法，以提升青檀造林成活率，即在距离根部2cm处将1年生青檀苗截干造林；或者在栽植实生苗以后，于距离地面20cm处将其平茬。结合经营方式，确定青檀造林的密度。土层深厚且地势比较平缓的地方可以采用林粮间作，株行距设置为4m×4m或3m×4m；若在条件一般的地方，造林密度应适当加大，株行距可以设置为2.0m×1.7m或2m×2m。

8.1.2 园林观赏应用

青檀是珍贵稀少的乡土树种，树形美观，树冠呈球形，树皮暗灰色，片状剥落，千年古树蟠龙虬枝，形态各异，秋叶金黄，季相分明，极具观赏价值，广泛应用于森林公园建设和园林绿化方面，是不可多得的园林景观树种。应用形式上可选择孤植、丛植、片植于庭院、山岭、溪边，如与开花的小灌木和草花配合，则更为美观；此外，青檀散发着纯朴气味，香气四溢，且香而不腻，所以在园林设计中可以用来营造景点，更有诗情画意。也可作为行道树成行栽植，株距设置为3~4m。

8.1.3 青檀盆景制作

青檀寿命长，耐修剪，根系形态特别，错综复杂，具有非常高的观赏价值，也是优良的盆景观赏树种。制作青檀盆景时可按照以下原则：

①选桩要严格，桩坯必须新鲜，枯朽、无根须的不要，尽量选精，不追求多，保证所选桩坯都能成活。

②青檀的栽前处理非常重要，尤其对其创口和截面要护理好，因其创口容易伤流。所以桩坯经修剪处理后，一定要将截面及其创口修整光滑，大的截面最好将皮与木质部修成45°斜面。这样既可防止细菌感染，又利于创口尽快愈合。

③创口经处理后，不能马上上盆，要将其放置在阴凉处荫干几小

时，让伤口自然收水，形成一层保护膜，这样可大大减少桩坯上盆后伤流。所有榆科品种的最大缺点就是容易流汁伤流，如果青檀树桩在栽种前及栽种后，不能有效地克服这个缺点，那么就很难保证树桩的成活。

④有些青檀树桩上面孔洞多，许多洞内还填满了落叶、土及杂草，必须将其彻底清除干净。理由是：这些杂物中或多或少都藏有蚁群或虫卵，如不在上盆前将其处理干净，日后天气转暖，洞内蚁群及虫卵活动增强，繁殖增多，难以根治。

⑤青檀喜干怕湿，因此，要用土瓦盆栽种。栽培土最好用黄沙、松针土、黄土，以4：3：3的比例配成，这种土既透气又能保水，还不会积水。盆底多垫几层瓦片，再垫一层粗沙，上好土后，先摇晃几下，然后再沿盆边向下压实，以防桩根下形成空洞，影响发根。浇透定根水后，用塑料袋罩好，放在一个比较固定的地方，不要经常搬动，以免碰松桩根。尽量控制浇水，多向枝干上喷水，盆土最好保持偏干。新桩成活后不可急于施肥，应在秋后再施。

⑥制作好的青檀盆景宜放置于避风向阳处（图1-33），忌寒风，夏季略需遮阴，冬季盆栽的在气温低于1℃时应移至室内越冬；平时盆土可略干些，浇水要见干见湿，不浇则已，浇则浇透。伏天是花芽形成期，不可缺水，应早晚各浇1次水；秋后落叶时，盆土可偏干些，每隔5~7d浇1次水。

图1-33　青檀盆景（谢学阳 摄）

8.2 主要注意事项

青檀较耐寒，主要防止极端雨雪天气，当温度骤降时要采取防寒措施，有条件的可以进行加温，防止产生冻害。青檀不耐水湿，较耐旱，有"旱不死的青檀"之称，但也不可过旱。掌握"见干见湿，不浇则已，浇则浇透"的原则。

青檀作为中国特有的稀有树种，其不仅具有重要的生态与经济价值，而且其对研究榆科系统发育具有学术价值。然而，由于自然植被的破坏，常被大量砍伐，致使分布区逐渐缩小，林相残破，甚至有些地区残留极少，已不易找到。对现有的青檀林要严禁砍伐，促进更新，其古树更应重点保护。同时，应建立各级种质资源库、良种繁育圃，大力扩大种植面积，以利用促进保护。

第 2 部分

示范苗圃

PART 2

1 宁阳维景苗木种植专业合作社示范圃

1.1 苗圃概况

宁阳维景苗木种植专业合作社示范圃位于山东省泰安市宁阳县后鹤山村，现有农民专业技术人员26人，是由泰山林科院指导建立的青檀新品种种苗扩繁、标准化栽培基地。该苗圃占地面积400亩，属于石灰岩山地，其土壤条件、山地类型、生长环境适宜发展青檀苗木。经过多年发展，合作社在青檀苗木繁殖及栽培管理技术、青檀标准化生产和新品种无性繁殖方面具有丰富的经验，在青檀不同种源苗木繁育、苗木培优、附石桩景制作及栽培等方面具有独特的优势。

1.2 苗圃的育苗特色

合作社主要开展青檀新品种和种源苗木标准化示范，栽植不同龄级的青檀嫁接、扦插苗木20万株；利用自主研发的青檀标准化栽培技术，培育速生、干直、丛生、造型树大规格苗木5000余株，建立了水肥一体化栽培体系，并通过改进栽培方式及修剪方法提高苗木培优生产效率（图2-1）。同时，示范圃研发出青檀新品种苗木快繁技术体系，解决了品种扩繁中遇到的关键技术难题，每年嫁接、扦插繁育新品种苗木10万株，有力带动了当地青檀苗木的良种标准化生产。该示范圃还作为泰山林科院泰安市乡土观赏树种国家林木种质资源库青檀扩繁圃，收集并繁育了大量的不同青檀种源苗木；同时，利用青檀萌芽力强和根系发达的特点，研发出仿古树的青檀特异化培优技术，为生产高附加值的青檀大规格观赏树提供技术支撑。

1.3 苗圃育苗生产管理措施

1.3.1 苗圃的翻耕

在青檀苗木移植前，对土地进行全面翻耕处理，最晚在前1年的秋天对该地进行深层翻耕处理，进而提升土壤肥力，增强排水性能，减少土壤中的病虫害问题，为青檀苗木高效培育夯实基础。

1.3.2　苗圃中病虫害的管理

苗圃管理人员积极落实防治病虫害的各项细节、要点，并且运用新技术将病虫害从根源处进行控制。同时，还加强对土地有机肥料的使用，加大管理力度，采用多种渠道和手段对隐藏在土壤中的病菌和虫害进行整体性的控制和消除，进而提升苗圃中青檀苗木的适应性和成活率。

1.3.3　苗圃地的水肥调节

苗圃地水肥调节与土壤理化条件及其水肥基础相结合，从而有效控制水肥条件对苗圃地的影响，为苗木的生长营造出良好健康的环境，保障青檀育苗工作顺利进行。

图2-1　宁阳维景苗木种植专业合作社示范圃（孙忠奎　摄）

2 安徽省泾县青檀苗木培育示范基地

2.1 苗圃概况

安徽省泾县青檀苗木培育示范基地于1998年开始专营青檀绿化苗木，现有江南与安徽省凤阳县两个基地，总占地面积近150亩。其中，江南基地位于安徽省宣城市泾县汀溪乡，距县城19km，交通十分便利。

青檀苗木培育示范基地设置种苗繁殖区（图2-2）、培育区等，致力于打造中国特色的"青檀苗木培育基地"，面向全国常年生产供应青檀种子、1至多年生独杆（图2-3）及丛生（图2-4）青檀苗。

图2-2 青檀实生苗木繁殖区（缪永新 摄）

图2-3 青檀单干苗木培育区（缪永新 摄）

图2-4　丛生青檀培育区（缪永新 摄）

2.2 苗圃的育苗特色

主营青檀绿化苗木特选树种，常年生产供应优质青檀种子及各种规格的青檀苗，同时培育各种彩叶树种以及绿化造林苗木等。

2.3 苗圃育苗生产管理措施

基地坚持可持续发展原则，逐年扩大种植规模，结合"公司+农户"的运作模式，利用农村闲置土地及闲暇劳动力，培育出青檀小苗、青檀多年生独杆苗与丛生苗，不仅带动当地农民就业、增收，而且带动周边的苗木种植积极性，促进了当地农村的发展。

3 安徽青檀园林绿化有限公司（青阳县青源青檀苗木专业合作社）

3.1 苗圃概况

安徽青檀园林绿化有限公司（青阳县青源青檀苗木专业合作社）苗圃面积400余亩，坐落于安徽省池州市青阳县酉华镇和木镇镇。

3.2 苗圃的育苗特色

主要经营培育青檀绿化苗木，常年供应3～30cm独杆青檀、丛生青檀、青檀小苗，青檀古桩、盆景，青檀种子等（图2-5）。每年产青檀种子250kg。

图2-5 安徽青檀园林绿化有限公司（青阳县青源青檀苗木专业合作社）（方健文 摄）

3.3 苗圃育苗生产管理措施

苗圃从种子采收、播种、田间管理到出圃等各环节均重视育苗管理。其中，秋冬翻地、实行轮作，精选优树采种，并做好育苗土地消毒、种子消毒，期间合理施肥、灌溉，加强育苗管理，预防病虫害发生。

4 枣庄青檀苗木培育有限公司

4.1 苗圃概况

枣庄青檀苗木培育有限公司成立于2015年7月，位于榴园镇向西3km、枣庄高铁站向东11km的枣庄万亩石榴园山下，占地面积150余亩，累计培育青檀苗木12万余株，长势良好。

4.2 苗圃的育苗特色

通过多年的努力和研究，成功培育出8~15cm行道树、丛林景观树、小盆景（图2-6）。

图2-6 枣庄青檀苗木培育有限公司（于保东 摄）

4.3 苗圃育苗生产管理措施

以播种育苗为主，并在青檀特色苗木培育方面积累了一定经验。注意在播种过程中防止涝、晒、冻的情况发生。夏季需使用两次多菌灵，秋季需使用三次防冻液，同时勤除杂草，施肥要适量。苗木长势不宜过旺，过旺难过冬；定杆不宜过早，过早易弯，弯后须用竹竿标直，在4~5cm定杆最佳。修剪应在秋后或春节后、开春前。移栽时间应在秋后或者发芽前两季，秋天移植须带土球移栽。

第3部分

育苗专家

PART 3

1 张林

（1）联系方式

电话：0538-6215676（办公室）；13181848965（手机）

E-mail：lkyzhanglin@163.com

（2）学习工作经历

男，1965年出生，山东泰安人，农业推广硕士，泰安市泰山林业科学研究院总工程师、研究员，兼任泰山林科院森林植物园主任、泰安市乡土观赏树种国家林木种质资源库主任、国家林业草原元宝枫工程技术研究中心技术委员会副主任委员、（山东省）绿化苗木花卉产业技术创新战略联盟秘书等，中共泰安市第十一次党代会代表。

（3）在苗木培育方面的成就

长期从事观赏植物引种评价、种质创新、种苗繁殖及栽培技术研发工作，青檀、元宝枫、紫薇、流苏、紫藤等乡土观赏树种种质创新成效显著。其中，青檀4个新品种获授权，辐射育种初获特异单株；紫薇、青檀、流苏已有染色体加倍的新品种获特异单株。曾承担国家林业局林业行业标准制修订项目、中央财政林业科技推广示范项目、国家外国专家局引智项目、山东省农业良种工程项目、山东省星火科技示范项目、泰安市农业良种工程、泰安市科技发展计划等30余项。作为主要研究人员荣获国家科技进步奖二等奖1项、山东省科技进步奖二等奖1项、三等奖1项，主持项目获泰安市科技进步奖（含省林业厅）8项，获得授权国家发明专利4项，授权植物新品种8个，省审（认）定林木良种7个；参编《泰山植物志》《泰山生物多样性》等著作。

图3-1 张林研究员工作现场
（1.青檀新品种实地审查；2.现场指导；3.野外调查）

（4）与苗木培育有关的出版著作、发表文章、专利、新品种权等名录

发表相关论文

■ 张林，王峰，孙忠奎，等.青檀多倍体诱导试验初报[J].中国农学通报，2015, 31(13): 1-4.

■ 张林，朱翠翠，王峰，等.青檀诱变育种与种质创新[J].天津农业科学，2016, 22(08): 134-137.

■ 程甜甜，孙忠奎，王峰，等.青檀二倍体及人工诱导的同源四倍体遗传差异的AFLP分析[J].中国农学通报，2018, 34(29): 31-36.

■ 朱翠翠，张林，王峰，等.利用EMS进行青檀彩叶植株诱变研究[J].北方园艺，2016(12): 57-61.

■ 朱翠翠，张林，孙忠奎，等.中国中北部青檀的AFLP分析[J].农学学报，2016, 6(05): 60-64.

■ 王峰，张靖，陈荣伟，等.青檀嫩枝扦插技术研究[J].园艺与种苗，2015(09): 18-21.

■ 王峰, 刘志兵, 燕丽萍, 等. 不同倍性青檀光合特性研究[J]. 中国农学通报, 2018, 34(28): 26-30.

授权专利

■ 一种青檀多倍体的育种方法（ZL201210316144.9）

■ 一种青檀彩叶品种的诱变方法（ZL201610412366.9）

授权植物新品种

■ '巨龙'青檀（新品种权号：20160110）

■ '青龙'青檀（新品种权号：20160111）

■ '凤目'青檀（新品种权号：20160112）

■ '鸿羽'青檀（新品种权号：20200230）

■ '福缘'青檀（新品种权号：20200229）

■ '无量'青檀（新品种权号：20200231）

■ '慧光'青檀（新品种权号：20200232）

■ '金玉缘'青檀（新品种权号：20200233）

制定标准

"植物新品种特异性、一致性、稳定性测试指南——青檀属"国家林业行业标准

取得科技奖励

主持"青檀种质资源收集评价、突破性育种与关键技术创新"项目，获泰安市科学技术进步奖一等奖

2 鲁仪增

（1）联系方式

电话：0531-88557641（办公室）

（2）学习工作经历

男，1978年出生，山东郓城人，博士。山东省林草种质资源中心种质创新所所长，正高级工程师。现为国家林业草原元宝枫工程

技术研究中心副主任，国家林业和草原局暖温带林草种质资源保存与利用重点实验室副主任，山东省农林水工会林草种质资源科技创新工作室负责人，山东林学会副秘书长，山东省科技创新标准化技术委员会委员，山东省林草品种审定委员会委员，山东省自然资源专家库入库专家，山东省林业保护发展智库专家。被聘为山东农业大学、山东师范大学、青岛农业大学、聊城大学、北京农学院校外硕士研究生指导教师。被评为全省林业优秀青年科技工作者、山东省农林水牧气象系统"身边的爱岗敬业榜样"、国家林业和草原局"最美林草科技推广员"。

（3）在苗木培育方面的成就

长期从事林木种质资源保护评价与创新利用研究。主持山东省农业良种工程项目课题"珍贵用材树种种质资源收集保存与精准鉴定"和山东省重点研发计划（重大科技创新工程）项目课题"珍贵用材树种种质资源挖掘与精准鉴定"等省部级课题9项、骨干参加课题16项。其中，依托"山东（暖温带）珍稀濒危树种种质资源保护与利用项目"及上述项目课题系统调查、收集、繁育保存了山东等地的青檀种质资源。研制地方与团体标准17项，获得审定省级良种7个，申请发明专利31项、已授权19项，申请植物新品种权4个，副主编或参编专著5部，发表论文81篇。获得山东省科技进步奖二等奖、梁希林业科技进步奖二等奖各1项，其他奖项18项。

图3-2　鲁仪增正高级工程师工作现场

（4）与苗木培育有关的出版著作、发表文章、专利、新品种权等名录

发表相关论文

■ 刘启虎, 包志刚, 谭好国, 鲁仪增. 5份白榆种质资源嫩枝扦插繁育技术研究简报[J]. 山东林业科技, 2016, 46(03): 46-47+85.

申请发明专利

■ 鲁仪增, 刘立江, 李文清, 解孝满, 韩义, 孙涛, 王艳, 王宁. 刺榆硬枝快速扦插繁育方法[P]. 山东省：CN109121771B, 2020-08-04.

■ 韩义, 张占彪, 李文清, 解孝满, 韩彪, 鲁仪增, 杨海平, 刘鹍, 王倩. 一种速生白榆的组培快繁方法[P]. 山东省：CN105494108B, 2017-12-12.

参编相关专著

■ 李文清, 解孝满. 山东古树资源[M]. 北京：中国林业出版社, 2022.

■ 孙霞, 邢世岩. 国家储备林山东主要树种造营林技术[M]. 北京：中国林业出版社, 2018.

■ 李法曾, 李文清, 樊守金. 山东木本植物志(上下卷)[M]. 北京：科学出版社, 2016.

■ 李文清. 山东林木种质资源概要[M]. 济南：山东科学技术出版社, 2014.

3 解孝满

（1）联系方式

电话：0531-88591166（办公室）

（2）学习工作经历

男，1970年出生，山东沂水人，硕士。山东省林草种质资源中心主任、研究员。现为暖温带林草种质资源保护与利用国家林草局重点实验室主任，国家林草局暖温带林草种质资源保护与利用创新团队负责人，全国林草种子标准化委员会委员，山东省木本油料树种资源利用工程实验室主任，国家重要野生植物种质资源共享服务平台、国家林木种质资源共享服务平台山东平台负责人。中国林学会林木遗传育种专业委员会委员，中国林学会树木学专业委员会委员，山东省林草品种审定委员会委员，山东林学会林草种质资源专业委员会主任委员。被聘为山东师范大学、山东农业大学硕士生导师，青岛农业大学、聊城大学、山东农业工程学院客座教授。

（3）在苗木培育方面的成就

长期从事种质资源保护、评价与利用的研究工作，参与组织开展了山东省林草种质资源调查工作。先后主持和参与山东省良种工程项目课题"野生林木种质资源设施保存关键技术研究"等国家、省级课题项目30余项。其中，依托"山东（暖温带）珍稀濒危树种种质资源保护与利用项目"及上述项目课题系统调查、收集、繁育保存了山东等地的青檀种质资源。荣获梁希林业科技进步奖二等奖1项、山东省科技进步奖二等奖1项、三等奖3项，选育良种14个，新品种3个。近5年来，主编或副主编《山东木本植物志》等著作4部，制定行业和地方标准9个，获国家发明专利10个，发表论文32篇。

（4）与苗木培育有关的出版著作、发表文章、专利、新品种权等名录

发表相关论文

■ 解孝满, 孙丰胜, 闫大成, 徐金光, 张立忠. 白榆半同胞家系种子活力及形态差异的研究[J]. 山东林业科技, 1997(S1): 3-5.

申请发明专利

■ 咸洋, 韩彪, 解孝满, 李文清, 乔婕, 徐婷, 庄振杰, 刘丹, 高广臣. 一种刺榆的组织培养方法[P]. 山东省: CN111919755B, 2021-11-19.

■ 鲁仪增, 刘立江, 李文清, 解孝满, 韩义, 孙涛, 王艳, 王宁. 刺榆

硬枝快速扦插繁育方法[P]. 山东省：CN109121771B, 2020-08-04.

■ 韩义, 张占彪, 李文清, 解孝满, 韩彪, 鲁仪增, 杨海平, 刘鹍, 王倩. 一种速生白榆的组培快繁方法[P]. 山东：CN105494108A, 2016-04-20.

参编相关专著

■ 李文清, 解孝满. 山东古树资源[M]. 北京: 中国林业出版社, 2022.

■ 解孝满, 李文清. 山东木本植物名录[M]. 济南: 山东科学技术出版社, 2017.

■ 李文清, 臧德奎, 解孝满. 山东珍稀濒危保护树种[M]. 北京: 科学出版社, 2016.

■ 李法曾, 李文清, 樊守金. 山东木本植物志(上下卷)[M]. 北京: 科学出版社, 2016.

■ 李文清. 山东林木种质资源概要[M]. 济南: 山东科学技术出版社, 2014.

4 孙忠奎

（1）联系方式

电话：0538-6215676（办公室）；15853822225（手机）

（2）学习工作经历

男，1985年10月出生，毕业于山东农业大学园林专业，泰安时代园林科技开发有限公司总经理，泰安市城市环保工程有限公司园林苗圃管理中心负责人。

（3）在苗木培育方面的成就

主要从事林木种质创新和栽培技术研发工作，在乡土观赏植物育种、栽培技术研发等应用技术研究方面均取得关键性突破，掌握了青檀、元宝枫、紫薇、流苏、紫藤等树种的常规育种方法，研发出乡土观赏树种高附加值产品的栽培技术，先后主持及参与实施课题34项，获得省级以上奖励6项，其中实施的"青檀种质资源收集评价与新品种培育"项目，2018年获山东省林业科技成果奖二等奖。"北方观赏树种资源汇集、新品种选育与创新利用"项目，2011年获山东省科技进步奖二等奖、泰安市科技进步奖一等奖；"元宝槭种质资源调查与新品种选育"项目，2013年获山东省林业科技成果奖一等奖。"紫薇新品种培育及繁育应用"项目，2014年获山东省林业科技成果奖二等奖、泰安市科技进步奖三等奖。参与研发并申请植物新品种24个，已授权12个，获得山东省林木良种5个；授权专利7项；发表省级以上科技论文39篇。

图3-3　孙忠奎总经理工作现场
（1.展品参展；2.现场指导）

（4）与苗木培育有关的出版著作、发表文章、专利、新品种权等名录

发表相关论文

■ 孙忠奎，张林，王波，王峰，程甜甜，朱翠翠.古桩盆景树杯培育技术创新[J].山东林业科技，2017，47(03)：104-106.

■ 张林，王峰，孙忠奎，朱翠翠，陈荣伟.青檀多倍体诱导试验初报[J].中国农学通报，2015，31(13)：1-4.

■ 张林，朱翠翠，王峰，谢宪，孙忠奎.青檀诱变育种与种质创新[J].天津农业科学，2016，22(08)：134-137.

- 朱翠翠, 张林, 王峰, 聂硕, 孙忠奎, 王长宪. 利用EMS进行青檀彩叶植株诱变研究[J]. 北方园艺, 2016(12): 57-61.
- 朱翠翠, 张林, 孙忠奎, 王长宪. 中国中北部青檀的AFLP分析[J]. 农学学报, 2016, 6(05): 60-64.
- 程甜甜, 孙忠奎, 王峰, 韦忠刚, 董兴国, 张林. 青檀二倍体及人工诱导的同源四倍体遗传差异的AFLP分析[J]. 中国农学通报, 2018, 34(29): 31-36.
- 付喜玲, 孙忠奎, 王峰, 李承秀, 张林. 优良观赏树种评价标准与方法研究[J]. 山东林业科技, 2010, 40(06): 41-44.

5 程甜甜

（1）联系方式

电话：15244147566（手机）

（2）学习工作经历

女，1988年1月出生，毕业于山东农业大学园林植物与观赏园艺专业，泰安市泰山林业科学研究院园林花卉所所长。

（3）在苗木培育方面的成就

主要从事园林植物种质资源评价及种质创新研发工作，在青檀、元宝枫、紫薇、紫藤、木绣球、石蒜等园林植物育种方面成效显著，特别是在青檀等观赏植物彩叶品种诱变育种方面均取得关键性突破，掌握了青檀、元宝枫、石蒜、紫薇、木绣球、紫藤等树种的常规育种方法，先后主持及参与实施课题12项，获得各项奖励6项，其中省级以上奖励3项，参与实施的"青檀种质资源收集评价与新品种培育"项目2018年获山东省林业科技成果奖二等奖，"青檀种质资源收集评价、突破性育种与关键技术创新"项目2021年获泰安市科技进步奖一等奖。"国兰新品种创制与生产关键技术研发"项目，2020年度获山东省林业科技成果奖二等奖，泰安市科技进步奖一等奖。参与研发并申请植物新品种13个，已授权6个，获得山东省林木良种5个；授权专利4项；发表省级以上科技论文21篇。

图3-4　程甜甜所长工作现场
（1.青檀金叶新品种；2.资源调查）

（4）与苗木培育有关的出版著作、发表文章、专利、新品种权等名录

发表相关论文

- 程甜甜，孙忠奎，王峰，韦忠刚，董兴国，张林. 青檀二倍体及人工诱导的同源四倍体遗传差异的AFLP分析[J]. 中国农学通报，2018, 34(29): 31–36.
- 王峰，刘志兵，燕丽萍，孙忠奎，程甜甜，杨波，张林. 不同倍性青檀光合特性研究[J]. 中国农学通报，2018, 34(28): 26–30.
- 王峰，程甜甜，孙健，孙忠奎，张林. 花卉产业发展对推动林业可持续发展的作用——以山东省为例[J]. 天津农林科技，2016(06): 39–42.

6 张梅林

（1）联系方式

电话：13966222606（手机）

（2）学习工作经历

男，1965年11月出生，毕业于安徽农业大学林学专业，高级工程师。

（3）在苗木培育方面的成就

主要从事林业科技实用技术推广应用。2002年参加了安徽省林科院、南京林业大学、中德财政合作皖南生态造林扶贫项目办公室等科研院所共同协作项目"青檀人工林的栽培机理及定向培育技术的研究"；主持了2006年国家农业综合开发宣纸原料林基地培育项目设计和组织实施；2010年主持了《泾县青檀原料林基地发展规划》的编制；2012年主持实施了中央财政"泾县青檀林定向丰产培育技术示范推广项目"的设计和组织实施；2013年主持实施了国家农业综合开发宣纸原料林基地发展项目的组织实施工作。

图3-5　张梅林高级工程师工作现场
（1.现场指导；2.青檀用材林；3.檀皮加工）

（4）与苗木培育有关的出版著作、发表文章、专利、新品种权等名录

发表相关论文

■ 王鸣凤，张梅林，等. 香果树扦插育苗技术[J]. 林业科技通讯，2001(07): 41.

■ 王鸣凤，张梅林，等. 杉木苗期防冻害[J]. 安徽林业，1998(01): 17.

■ 徐玉伟，戴其生，张梅林. 红楝子人工造林试验初报[J]. 林业科技开发，1997(04): 40-41.

■ 张梅林，吕勇，吴军，等. 杉木应用全息定域选种育苗试验[J]. 安徽林业科技，2005(02): 9-10.

- 王鸣凤, 张梅林, 等. 丁草胺、果尔、盖草能除草剂在苗圃中的应用研究[J]. 林业科技通讯, 2001(07): 33-34.
- 张梅林. 竹林丰产培育技术对比试验[J]. 安徽林业科技, 2007(Z1): 7-8.
- 张梅林. 稀土对杉木二代人工林生长的影响[J]. 林业科技开发, 2008(02): 89-91.
- 张梅林. 开展生态精准扶贫的思路及对策[J]. 现代农业科技, 2018(17): 253-254.

7 缪永新

（1）联系方式

电话：13865356747（手机）

（2）学习工作经历

男，1967年12月出生，1989年7月毕业于安徽省黄山林业学校林业专业，2003年6月在职参加全国高等教育自学考试，毕业于安徽农业大学林业生态环境管理专业。

（3）在苗木培育方面的成就

主要从事林业科技实用技术推广应用及所在林业单位的营林生产项目的作业设计、组织实施、技术指导和质量验收等工作。1990—1991年负责基地育苗乡的青檀育苗、青檀造林项目。1991年后一直负责林业青檀育苗、青檀造林项目。为加快青檀的培育和基地建设，结合20世纪90年代皖南山区开展的青檀基地建设，自1998年开始结合"公司+农户"的运作模式，组织农户利用农村闲置土地及闲暇劳动力，大力发展青檀苗木产业。2015年主持完成国有林场"宣纸原料林基地青檀栽植和培育项目"的规划设计、技术指导与质量验收工作。2019年主持完成本单位的"2019年度国家特殊及珍稀林木培育（青檀、苦槠培育）项目"经营方案的规划设计工作。2020年主持完成了国家级湿地松、火炬松良种基地——马头国有林场良种基地建设，同时于2020年2～3月采集1年生优质母树穗条和本土宣纸厂推荐的青檀穗条重新建立采穗圃，为青檀扩繁提供更多优良无性系材料奠定了基础。多年来，他不仅带动当地农民就业和增收，而且带动了周边的苗木种植积极性，促进了当地农村的发展。

图3-6　缪永新工程师工作现场
（1.青檀用材林；2.现场指导）

（4）与苗木培育有关的出版著作、发表文章、专利、新品种权等名录

发表相关论文

■ 缪永新.泾县竹产业发展思路[J].安徽林业,2007(03): 20.

■ 缪永新.香椿的利用价值和繁殖技术[J].安徽农学通报,2006(13): 138+156.

■ 崔同林,马献良,缪永新.道路绿化树种选择的基本原理及其应用[J].林业建设,2005(01): 38-39.

■ 崔同林,马献良,缪永新.青檀培育利用研究进展[J].安徽林业科技,2005(01): 11-12+19.

8　黄剑

（1）联系方式

电话：0538-8332135（办公室）；13854813612（手机）
E-mail：13854813612@163.com

（2）学习工作经历

男，1978年出生，山东巨野人，山东农业大学林学专业毕业，泰安市林业保护发展中心副主任，兼任泰安市林学会理事等。

（3）在苗木培育方面的成就

长期从事造林绿化苗木引种驯化、繁育推广及造林技术研究工作，在青檀、侧柏、杏等乡土树种种质创新等方面取得显著成绩。先后荣获山东省林业科技进步奖6项，获得授权发明专利1项、实用新型专利1项，省审定林木良种3个，参编《泰安市古树名木》《神州古树秀木鉴赏》等著作。

图3-7　黄剑副主任工作现场
（1.现场调查；2.野外调查）

（4）与苗木培育有关的出版著作、发表文章、专利、新品种权等名录

发表相关论文
■ 黄剑，孟海凤，杜辉，王郑昊.泰安市古树名木保护与复壮研究[J].农民致富之友，2018(10): 85.

参编相关专著
■ 泰安市绿化委员会，泰安市林业局.泰安市古树名木[M].西安: 西安交通大学出版社，2015.
■ 朱绍远，孙杰，冯丽雅.神州古树秀木鉴赏[M].北京: 中国林业出版社，2017.

参考文献

蔡晓玲, 陈登, 2011. 几种化学药剂在苗圃土壤消毒与种子处理中的应用[J]. 现代农业科技 (16): 200–201, 205.

陈建军, 张帆, 张雪冰, 等. 2018. 北方地区桃苗木标准化繁育技术[J]. 中国果树(05): 91–94.

陈俊愉, 2001. 中国花卉品种分类学[M]. 北京: 中国林业出版社.

陈世强, 2019. 皖南山区青檀苗木繁殖与造林技术[J]. 现代农业科技(5): 135–137.

陈有民, 1990. 园林树木学[M]. 北京: 中国林业出版社.

代丁巴毛, 2020. 大树移植方法及提高成活率[J]. 农业开发与装备(04): 231.

丁国平, 2014. 青檀造林技术要点[J]. 安徽林业科技, 40(06): 77–79.

方升佐, 洑香香, 2007. 中国青檀[M]. 香港: 中国科学文化出版社.

高慧, 徐斌, 邵卓平, 2007. 青檀树皮的化学组成与细胞壁结构[J]. 经济林研究, 25(4): 28–33.

何鹏程, 2001. 青檀栽培管理与檀皮加工[J]. 安徽林业(01): 18.

李金昌, 王秀滨, 邢示辉, 1996. 青檀的综合开发利用研究[J]. 中国水土保持(5): 37–38.

李茂义, 2017. 青檀育苗技术[J]. 山西林业(06): 38–39.

李伟伟, 安广池, 郭淑霞, 等, 2016. 青檀新害虫青檀绵叶蚜的生态学特性[J]. 林业科学, 52(05): 120–125.

陆兆蕾, 2017. 城市园林植物整形修剪与造型分析[J]. 现代园艺(12): 188.

罗彦平, 2016. 苗木出圃与贮藏方法[J]. 河北果树(1): 55–56.

吕高阳, 2017. 青檀播种育苗技术研究[J]. 山西林业科技, 46(1): 42–44.

秦永建, 张鹏远, 李辉, 等, 2016. 嫁接技术在仿古桩青檀盆景制作中的应[J]. 山东林业科技 (6): 47–49.

任有华, 王磊, 孙静, 2007. 青檀的园林价值和应用[J]. 广东园林(05): 54–55.

孙铭浩, 王加彬, 王芬, 等. 2016. 青檀优良无性系TX01嫁接育苗试验[J]. 林业科技通讯(6): 29–31.

孙振杰, 2020. 园林绿化工程中提高大树移植养护管理水平的措施[J]. 乡村科技(09): 89–90.

孙忠奎, 张林, 王波, 等, 2017. 古桩盆景树桩培育技术创新[J]. 山东林业科技, 47(03): 104–106.

汪钰莹, 2019. 青檀优株选择及其繁殖技术研究[D]. 合肥: 安徽农业大学.

王芬, 2012. 枣庄地区青檀生物学观察及种子育苗试验[J]. 中国园艺文摘(6): 15–17, 44.

王峰, 刘志兵, 燕丽萍, 等, 2018. 不同倍性青檀光合特性研究[J]. 中国农学通报, 34(28): 26–30.

王峰, 张靖, 陈荣伟, 等, 2015. 青檀嫩枝扦插技术研究[J]. 园艺与种苗(09): 18–21.

王洪强, 王芬, 王孟军, 等, 2013. 青檀优良无性系选育[J]. 中国园艺文摘(6): 14–16.

王志, 2018. 青檀种子解除休眠与萌发机理的研究[D]. 泰安: 山东农业大学.

谢小艇, 2018. 青檀栽培管理及加工利用技术[J]. 绿色科技(17): 42–43.

许冬芳, 崔同林, 2005. 青檀的开发利用[J]. 中国林副特产(3): 64.

杨磊, 马春萍, 姚红宇, 2013. 青檀在豫北地区的引种及推广[J]. 现代园艺(10): 123.

于永畅, 王长宪, 王厚新, 等, 2015. 不同绿化树种抗旱性、抗盐性及抗涝性比较[J]. 农学学 报, 5(06): 113–116.

余启佳, 2016. 一种青檀之嫁接方法: CN201610083639.X[P]. 2016–05–11.

张天麟, 2011. 园林树木1600种[M]. 北京: 中国建筑工业出版社.

中国科学院《中国植物志》编委会, 1999. 中国植物志[M]. 北京: 科学出版社.

朱翠翠, 张林, 孙忠奎, 等, 2016. 中国中北部青檀的AFLP分析[J]. 农学学报, 6(05): 60–64.